我们决定带便当

冰激凌小朋友　著

U0388346

辽宁科学技术出版社

沈阳

图书在版编目（CIP）数据

我们决定带便当/冰激凌小朋友著. —沈阳：辽宁科学技术出版社，2018.10
ISBN 978-7-5591-0919-4

Ⅰ. ①我…　Ⅱ. ①冰…　Ⅲ. ①食谱—中国　Ⅳ. ①TS972.182

中国版本图书馆CIP数据核字（2018）第196919号

出版发行：辽宁科学技术出版社
　　　　　（地址：沈阳市和平区十一纬路25号　邮编：110003）
印 刷 者：辽宁新华印务有限公司
经 销 者：各地新华书店
幅面尺寸：170 mm × 240 mm
印　　张：8
字　　数：200 千字
出版时间：2018 年 10 月第 1 版
印刷时间：2018 年 10 月第 1 次印刷
责任编辑：朴海玉
封面设计：陈凌皓
版式设计：晓　娜
责任校对：徐　跃

书　　号：ISBN 978-7-5591-0919-4
定　　价：39.80 元

投稿热线：024-23284367
邮购热线：024-23284502
QQ：59678009
http://www.lnkj.com.cn

P r e f a c e

作者序

那一年，我搬到新的城市，紧锣密鼓的工作和密集的人际总让我透不过气。好在，我发现带便当上班的这件小事，能在一天中带来许多幸福感。比如在清晨做好便当，把它装进包里的那一刻，有一种"我准备好了！"的气势，可以元气满满地迎接新的一天。常常也会给妹妹多做一份，她总说，想着便当在冰箱里等着，嘴角会不觉上扬，工作也会加倍地努力……后来，我把每日便当发到微博上，竟收到了10万多人的关注，开始有更多的人跟我一起带便当，分享生活里的点滴趣事。就这样我学会了在日常生活中汲取能量，以平衡城市带来的焦灼和匆忙，也收获了一群同样热爱生活的朋友。

我想，很多年以后，我可能会不记得某一年某一日做了什么事，但应该会记得，当时每天做便当的那些属于自己的微小的愉悦时光。

出版这本书期间，我得到很多帮助。首先谢谢默默支持我的家人和朋友，感谢出版社和海玉的细心帮助，还有微博、公众号上为这本书名投票并为我提出诸多好建议的各位。

冰激凌小朋友

C O N T E N T S
目 录

我们决定常带便当

目
录

CHAPTER 01

我的便当工作法

　　我有一个食物灵感簿，平时想吃的食物都会记在里头，每逢周末便会从食物灵感簿里组合出一周 5 天的便当计划，从主食到副菜，从配色到造型，像服装设计师那样，画出小小的设计稿。接着再列出需要的食材，进行统一采购。想要有条不紊地完成工作日的便当，这些计划是必不可少的。

第一课
食材处理和常备菜制作

食材预处理是非常重要的环节。清洗、分装、预处理和冷冻都做好了，在工作日的清晨只需要取出相应食材，简单烹饪就能做成便当。

◎ **做好绿叶菜保存**

绿叶菜最大的敌人是空气、水和阳光，因此需要将绿叶菜摘去腐烂的叶子，抖掉多余的水分，并用厨房用纸包好，放进密封袋里冷藏。冷藏保质期 5 天。需要的时候取出放到清水里稍浸泡，叶子就能恢复活力。

◎ **预处理食材，缩短烹饪时间**

大部分食材买回来，我已经想好要做成什么菜式，因此可以通过预处理再冷冻，这样能大大缩短当日便当的制作时间。

例：土豆去皮压成泥，加上盐和黑胡椒拌匀后，用密封袋装好冷冻，用微波炉加热或直接烹饪即可。冷冻保质期 2～3 周。

例：照烧鸡腿肉，将鸡腿剔骨腌渍冷冻，解冻后煎熟即可。冷冻保质期 3～4 周。

◎ 分成小份再冷冻

我把肉类甚至葱都分小份冷冻，每次使用只取出一小份，这样
解冻速度快，也防止食材细菌的产生。

例：肉泥提前做好基本腌渍，并分小份冷冻，解冻后加入其他
食材再料理，比如肉末蒸蛋、肉末炒四季豆等。

例：番茄酱提前熬制好，分成小份，解冻后可以做成番茄意大
利面、茄汁黄豆等，非常方便。

附：我的常备菜分享

图片	菜名	冷冻保质期	做法
	白灼西蓝花	3～4周	1. 将西蓝花清洗后，掰成小块； 2. 沸水里加适量盐和油； 3. 加入西蓝花，煮1～2分钟捞起； 4. 晾凉沥干水，装入密封袋冷冻。
	柠檬萝卜	1周	1. 将250g萝卜切成薄片； 2. 加入1勺盐腌渍15分钟后沥干水分； 3. 加入2勺糖、半个柠檬的汁和皮； 4. 在冰箱冷藏一晚就是很清爽的小菜。
	炒胡萝卜丝	4～5天	1. 将胡萝卜切成细丝； 2. 锅中加入香油，大火炒2分钟至胡萝卜丝变软； 3. 加入盐调味； 4. 可放入冰箱冷藏或冷冻。

图片	菜名	冷冻保质期	做法
	藕夹	3～4 周	1. 莲藕切片； 2. 150g 猪肉碎里加入葱花、1/2 勺酱油、1 勺淀粉、少许盐和白胡椒粉，搅拌均匀； 3. 用莲藕片夹入适量肉泥，轻轻按压； 4. 将藕夹裹上一层淀粉，用中火油炸 2 分钟； 5. 晾凉的藕夹装进密封袋冷冻。
	汉堡排	2 周	1. 250g 猪肉碎加入 1/2 盐、1 个鸡蛋、1 勺牛奶、2 勺面粉、4 勺面包糠、适量黑胡椒碎，搅拌均匀； 2. 将肉饼等分 4～6 份，揉成圆形并按扁； 3. 装入密封袋冷冻。
	黄花鱼	2 周	1. 将鱼洗净，并用厨房用纸擦干表面水分； 2. 用少量料酒和盐腌渍； 3. 装进密封袋冷冻； 4. 多种鱼可以同理冷冻。
	虾	3 周	1. 将虾洗净去头，去虾线； 2. 擦干表面水分，放入密封袋冷冻。
	腌子姜	5～8 周	1. 250g 嫩姜去皮，用削皮刀刨薄片； 2. 加入 2 勺盐腌渍 30 分钟出水； 3. 倒掉水分，加入 30g 冰糖； 4. 倒入白醋，没过姜片即可； 5. 保存姜片的罐子要消毒。
	卤蛋	3 天	1. 水沸腾后，放入鸡蛋煮 8 分钟； 2. 晾凉后放入卤汁里浸泡。

第二课
善用厨房里的工具

当食材都提前备好后，清晨要做的事就是让厨房里所有的工具都动起来，解冻加热的请进微波炉，腌渍调味好的让蒸锅或烤箱帮忙，这时解放的双手只需要去料理一样主菜就够了。当主菜、配菜和主食在同一时间出锅的时候，行云流水的畅快感，真想鼓个掌！

◎ 微波炉是加快速度的秘密武器

将新鲜的西蓝花用保鲜膜包好，微波炉加热 1 分钟就能完成。

将去皮的土豆用保鲜膜包好，微波炉加热 5 分钟就能熟透。

将切好的茄子用保鲜膜包好，微波炉加热 3 分钟倒掉涩水，加入蒜泥、酱油、糖再加热 3 分钟，就是美味的红烧茄子。

◎ 可以预约的各种厨房小电器

如果你的电饭煲只用来做饭的话，那太浪费啦。煲汤、炖煮和预约功能简直不能再棒了。通常我会在前一晚把番茄牛腩或者红烧猪蹄、三杯鸡、煲仔饭的材料放进去，利用好自带的蒸笼，还能再同时蒸个南瓜、番薯或蔬菜。只要开启预约功能，睡醒就能闻到香味，一次两道菜轻松完成。

除了电饭煲外，电磁炉、料理机、炖锅等都有预约功能，赶快去看看怎么发挥吧。

◎ 用小的锅更般配

少量的便当菜当然要匹配小尺寸的锅具。

小的平底锅，火候更好控制，制作也会更有效率。

小锅在油炸时也可以减少用油。

小的深口锅水沸腾得快，最适合少量的蔬菜余烫。

第三课
提升便当颜值的技巧

让便当变得更加诱人

◎ 菜式的搭配

我的便当通常是 4+1 的组合。一个主菜搭配两个配菜，主食外加小菜或水果，3～5 种颜色的搭配也是让便当变得更加诱人的关键。爆炒、红烧、焖炖……都可以放进便当盒，唯一要注意的是减少汤汁或使用便当分隔盒，让菜肴的味道不会互相影响。

◎ 造型的制作

家常菜装进便当盒后，我会用翠绿的蔬菜填满缝隙，让整体看起来格外新鲜清爽。我常用的菜是西蓝花、生菜及各种沙拉菜。

填充好绿色之后，还需要一些让人觉得有细节的设计，比如给暗沉的酱汁肉类撒上白芝麻，或者在单调的配色上加上胡萝卜花，还可以给白净的饭团子设计各种可爱的表情，这些都是让便当变得生动好看的方法。

◎ 我的其他道具

我还收集了不少便当专用道具，比如可爱的表情器、各种压花工具、卡通签等，有了这些，再单调的便当都能变得可爱起来。

第四课
主食饭团的制作

给饭团打扮起来

我很喜欢在便当里放饭团，不仅因为它模样可爱，还因为它是紧实的，一颗就有60g，两颗就相当于一碗饭了，利用饭团更节省便当盒空间，也能加入更多爱吃的小菜呢。

◎ **传统饭团的制作**

1. 用盐水打湿手；

2. 把煮好稍稍放凉的米饭放在手上；

3. 双手合拢挤压 3～5 次，让饭团成形；

4. 再根据需要调整饭团形状。

◎ **用模具制作饭团**

1. 将米饭装入活底的饭团模具（将植物油涂抹在模具里即可防粘）；

2. 盖上模具盖子，用力压实成形；

3. 取出盖子，用活底推出饭团。

◎ **我总觉得饭团是便当的灵魂，所以每天早上给饭团打扮也是我的乐趣之一**

1. 可以在饭团里加一些馅料，让饭团的口味更丰富；

2. 可以给饭团加上各种装饰，让饭团变得可爱起来。

我的便当工作法

CHAPTER
02

风味便当，30 天不重样

中午吃什么真的是上班族的宇宙难题，周边的餐馆和外卖已经吃腻了，为了填饱肚子随意地吃个过场，既不健康也难以得到满足。决定自己带便当后，更像给自己辛苦工作的奖励，打开便当的瞬间都是从心底漫出的幸福感，有喜欢的菠萝咕咾肉，有应季的烤小管，有浓浓椰香的咖喱，每一盒都是百吃不腻的家常味道。

菠萝咕咾肉便当

酸甜可口的菠萝咕咾肉是舅舅的拿手菜，一直不想学，这样就有理由去舅舅家蹭饭了，但闭上眼睛回忆一下舅舅在厨房忙碌的那些片段，我还是学会了。

菠萝咕咾肉

食材：猪里脊100g、白酒2勺、糖1勺、生抽2勺、黑胡椒粉和淀粉适量、番茄酱3勺、韩国辣酱适量、淀粉2勺、水100g、菠萝100g、番茄1/4个、油适量

1. 将里脊肉切成薄的长条形，用白酒、糖、生抽、黑胡椒粉腌渍15分钟；
2. 将肉条卷成圆形，表面蘸取淀粉成形；
3. 将肉球放进小油锅中，炸至表面金黄盛出；
4. 用3勺番茄酱+1勺韩国辣酱+半勺糖+2勺淀粉+100g水混合成酱汁，烧至浓稠；
5. 放入菠萝和番茄略炒片刻，加入炸好的肉球一起翻炒至均匀裹上酱汁即可。

凉拌木耳

食材：木耳100g、生抽2勺、醋1勺、香油1勺、糖1勺、盐1勺、辣椒1个、蒜末适量、花椒20粒、油适量

1. 取一小锅加适量水烧开，放入木耳煮1分钟左右捞出，过凉水洗去表面黏液，沥干后待用；
2. 锅里倒少许油加热，放花椒爆香，将热油淋在蒜末、辣椒上，倒入生抽、醋、盐和糖调匀成味汁；
3. 将调好的味汁倒入木耳，再淋上香油即可。

+ 白灼西蓝花

+ 腌子姜

TIPS | 里脊肉卷成球再炸，吃起来才会外酥里嫩。

风味便当，30天不重样

煎午餐肉便当

　　冰箱里常备午餐肉罐头，烫火锅或者炒饭的时候都会切一些，偶尔也会做进便当，切厚片油煎，专职满足我的食肉灵魂。

煎午餐肉

食材：午餐肉 150g、鸡蛋 1 个、盐适量、油适量

1. 午餐肉切厚片，用心形模具压出镂空；
2. 鸡蛋打散加一撮盐；
3. 热锅下油，放入午餐肉，并在心形镂空里倒入鸡蛋液，慢火煎熟。

白灼秋葵

食材：秋葵 5 根、盐适量

沸水中放入一勺盐，秋葵煮 1 分钟，捞出后切块即可。

椒盐杏鲍菇

食材：杏鲍菇半个、椒盐 1 勺、油 2 勺

煎午餐肉余下的鸡蛋液和杏鲍菇拌匀，倒入平底锅煎至表面焦黄，撒椒盐调味。

+ 三角饭团
+ 杧果

TIPS ｜ 把心形午餐肉包到饭团里，吃的人也会觉得惊喜哦。

肥牛饭便当

将带着汤汁的洋葱肥牛盖在热腾腾的米饭上，每一口都能带来无与伦比的满足感。工作特别辛苦的时候，就多放一点肥牛，慰劳一下辛苦的自己吧。

洋葱炒肥牛

食材：肥牛 150g、洋葱 1/4 个、酱油 3 勺、清酒 3 勺、糖 1 勺

1. 烧一锅开水，放入肥牛，变色后立刻捞出；
2. 在炒锅里放入一勺油，加入洋葱片翻炒至半透明；
3. 加入肥牛一起翻炒；
4. 加入酱油、清酒、糖和小半碗水，煮至收汁。

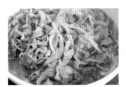

厚蛋烧

食材：鸡蛋 3 个、盐适量、鸡精适量

1. 鸡蛋加入半勺盐和 2 勺水搅拌均匀；
2. 在方形平底锅里放少量油热锅，倒入 1/2 蛋液，小火慢煎，等蛋液底部凝固就可以用平铲轻轻翻折，折好的蛋卷是长方形；
3. 再倒入剩下的 1/2 的蛋液，待蛋液底部成形就可以继续翻折；
4. 最后用平铲辅助整理厚蛋烧的形状，出锅放凉后切块。

＋蒸番薯

＋蚝油香菇西蓝花

风味便当，30天不重样

奶酪土豆便当

"奶酪就是力量。"这是句吃货们调侃的玩笑话，不过奶酪却真的能将中规中矩的菜式来个华丽升级，如魔法般变出新的花样和味道。

奶酪土豆球

食材：土豆 1 个、黄油 5g、盐适量、黑胡椒粉适量、马苏里拉奶酪适量

1. 将土豆削皮洗净，用保鲜膜包好，放进微波炉高火 4～5 分钟；
2. 取出后，捣成泥，加入黄油和适量盐、黑胡椒粉搅拌均匀；
3. 取部分土豆泥，包入小块的马苏里拉奶酪；
4. 奶酪土豆球放入微波炉，高火加热 2 分钟即可。

芦笋培根卷

食材：培根 2 片、芦笋 2 根、盐适量、油适量、黑胡椒碎适量

1. 烧一锅水，加一点盐和油，放入芦笋氽烫 1 分钟捞出；
2. 用培根裹住适当长度的芦笋卷起来，用牙签固定好；
3. 炒锅里放少许油，放入培根芦笋卷，煎至培根微微焦黄，撒适量黑胡椒碎即可。

+ 鸡蛋花　　+ 蚝油香菇西蓝花

风味烤鱼便当

　　用柠檬去腥味并用香草提味是这道烤鱼的重点，烤箱料理我习惯多放一些蔬菜一起烤，鱼的汤汁渗透到下面的蔬菜里，能带来恰到好处的美味。

风味烤鱼

食材：小黄鱼 1 条、土豆 1 个、柠檬 1/2 颗、橄榄油 3 勺、迷迭香 2 棵、黑胡椒粉适量、盐适量、香草适量

1. 小黄鱼洗净擦干，两面抹上橄榄油、黑胡椒粉和盐，用柠檬片和迷迭香一起腌渍 15 分钟；

2. 烧一锅水，将切片的土豆煮熟，用盐和黑胡椒粉调味；

3. 在烤盘上铺好锡纸，土豆片铺在烤盘上，再将鱼放在土豆上，放适量香草和柠檬，并浇上适量橄榄油；

4. 烤箱预热至 200℃，将鱼放入烤箱烤 20 分钟即可。

＋煎午餐肉

＋炒四季豆

风味便当，30 天不重样

鸡丝凉面便当

微博里常常有朋友问，办公室没有微波炉，适合带什么便当呢？这款就是我强烈推荐的，不用加热直接拌匀就非常好吃的便当。

鸡丝凉面

食材：鸡腿 1 个、蒜泥 1 勺、腐乳 1/2 勺、老抽 1/2 勺、生抽 1 勺、醋 1 勺、辣椒油 1 勺、香油 2 勺、芝麻适量、葱适量、姜适量、料酒适量、花椒面适量、青瓜丝适量、秋葵适量、彩椒丁适量、胡萝卜丝适量

1. 烧一锅水，放姜、葱、料酒、花椒面，放入鸡腿煮 10 分钟，捞起放冰水里泡 5 分钟；
2. 鸡腿先切块，留两块鸡肉，其余的都拆成肉丝；
3. 秋葵切厚片，再烧一锅热水，把切好的彩椒丁、胡萝卜丝、秋葵片余烫熟；

4. 用蒜泥 + 腐乳 + 老抽 + 生抽 + 醋 + 辣椒油 + 香油 + 芝麻 + 煮鸡腿的汤汁拌成酱汁。

凉面

烧一锅热水加一点点盐，把面放下去煮熟，捞出冲凉水，加 1 勺油拌一下即可。

蒜香花生米

1. 将花生米放入适量的油锅里；
2. 开小火，用锅铲不断翻动花生仁，待到没水蒸气后，盖上锅盖；
3. 等到声响几乎没有，就可以关火捞出了；
4. 撒上盐和蒜泥，翻拌均匀即可。

TIPS ｜ 酱汁只要拌得好，配菜随便搭配都很美味！

奶酪汉堡排便当

做好的汉堡排可以放入冰箱速冻，工作日的时候做成照烧口味的、番茄酱汁口味的或者是奶酪味的都很诱人。

奶酪汉堡排

食材：牛肉150g、洋葱（切丁）1/4个、鸡蛋1个、面包糠适量、淀粉适量、马苏里拉奶酪适量、盐适量、黑胡椒碎适量

1. 将牛肉、洋葱丁、盐、黑胡椒碎混合，用搅拌机打成泥；
2. 加入蛋清、面包糠、淀粉，用筷子沿着同一个方向搅拌上劲；
3. 将肉泥分成合适大小，揉成饼状，铺上适量马苏里拉奶酪；
4. 将烤箱预热至180℃，放入汉堡排烤15分钟即可。

焦糖菠萝

食材：菠萝100g、黄油5g、蜂蜜1勺、朗姆酒2勺、肉桂粉1小勺、柠檬汁适量

1. 菠萝切厚片；
2. 锅里放入黄油熔化，加入菠萝两面煎；
3. 再加入蜂蜜、柠檬汁、朗姆酒、肉桂粉，煎至表面上色即可。

土豆泥

食材：火腿1片、土豆1个、溏心蛋1个、黑胡椒粉适量、盐适量

1. 将土豆去皮，用保鲜膜包好，放入微波炉高火加热5分钟；
2. 将土豆压碎，加入黑胡椒粉、盐搅拌均匀；
3. 再加入火腿片、溏心蛋混合即可。

+ 番茄罗勒叶

番茄意大利面便当

只要便当盒里放入一块牛排，享用午餐的心情也能像国王一样。

黄油煎牛排

食材：菲力牛排 200g、橄榄油 1 勺、黄油 5g、黑胡椒粉适量、盐适量

1. 菲力牛排解冻至室温，用厨房用纸擦去表面水分，撒适量盐和黑胡椒
   粉腌渍 10 分钟；
2. 煎锅放橄榄油，大火将牛排煎至表面有焦化层，约 60 秒；
3. 在锅里放入黄油，再将牛排反面煎 60 秒左右，至表面形成焦化层即可；
4. 想要再熟一些的可关至小火，适当延长 1~2 分钟。

番茄意大利面

食材：意大利面 100g、基础番茄酱汁 200g、帕玛森奶酪粉适量、罗勒叶适量、盐适量

1. 煮一锅沸水，加入一勺盐；
2. 将意大利面放入沸水中，煮至没有硬芯即可；
3. 取出冰箱里的基础番茄酱汁解冻；
4. 另取一锅，加入番茄酱汁和煮好的意大利面，翻炒至收汁；
5. 最后撒入帕玛森奶酪粉和罗勒叶即可。

+ 煎芦笋

+ 白灼西蓝花

+ 小番茄

TIPS | 加入黄油的时间切忌过早，否则会造成牛排煎煳。

风味便当，30 天不重样

酱油水黄花鱼便当

在闽南，酱油水是可以做一切海鲜的，煮酱油水的方法十分简单，也最容易吊出海鲜的鲜甜滋味。

酱油水黄花鱼

食材：小黄花鱼 1 条、酱油 3 勺、糖 1 勺、姜适量、葱适量、蒜适量、淀粉适量、红辣椒适量、蒜青段适量

1. 黄花鱼用盐和料酒腌渍一会儿，表面抹上薄薄一层淀粉；
2. 热锅下姜、葱、蒜爆香，放入黄花鱼，双面各煎 1 分钟定形；
3. 加 3 勺酱油、1 勺糖，倒入和鱼齐平的水，稍微煮几分钟后，大火收干汤汁；
4. 下红辣椒、蒜青段、葱段翻炒几下，就可以把鱼盛出；
5. 可以再刨一些萝卜丝在汤汁里煮熟成为配菜。

烤蔬菜

食材：彩椒 1 个、胡萝卜片适量、黄瓜片适量、油醋汁适量

1. 彩椒对半切，和胡萝卜片、黄瓜片一起放进烤箱最上层，在 220℃的烤箱内烤 20 分钟；
2. 黄瓜片和胡萝卜片取出后，彩椒继续烤 10 分钟至表皮焦黑时取出；
3. 用保鲜膜把彩椒包起来，凉了后就能把彩椒表皮轻松剥下来，撕成条状和黄瓜、胡萝卜一起，加一点油醋汁稍微拌一下即可。

基础油醋汁的做法：

白酒醋 20g、橄榄油 60g、盐 1/2 勺、黑胡椒碎 1/4 勺，所有食材放入密封罐，摇晃均匀即可。

玫瑰煎饺便当

　　打开便当盒就像打开花盒一样，扑面而来的浪漫美好气息，让午餐时间也变得愉快起来。我想玫瑰煎饺应该是便当食品里的满分作品。

玫瑰煎饺

食材：饺子皮 20 片、猪肉碎 300g、葱姜水 20g、盐 1/2 勺、糖 1/2 勺、淀粉 2 勺

1. 猪肉碎加入盐和糖，搅拌均匀后分次加入葱姜水，边加边搅拌，最后加入淀粉拌匀；

2. 将 4 ~ 5 个饺子皮平铺，放入调好的肉馅，先对折，再横着卷成花苞形状，收尾处蘸水黏合；

3. 平底锅里倒少许油，放入玫瑰饺子，倒入半碗水，盖上盖，用小火煎至水干。

红烧丸子

食材：余下的饺子馅、生抽 1 勺、蚝油 1 勺、老抽 1/2 勺、水淀粉适量、芝麻适量

1. 余下的肉馅揉成丸子；

2. 取小奶锅倒入油加热到六成热，将丸子炸至表面金黄色捞出；

3. 在炒锅里倒入生抽、蚝油、老抽和水淀粉，然后放入炸好的肉丸子，中小火烧 5 分钟；

4. 出锅后撒芝麻。

+ 生菜

TIPS ｜ 玫瑰煎饺可一次做多一些，冷冻起来成为常备食品。

彩椒酿肉便当

住在香港的好朋友发来逛菜市场的照片，鲜亮的彩椒酿肉半成品很吸引眼球。她说这样的半成品在这里很畅销，因为回家简单料理就是美味的一餐。

彩椒酿肉

食材：猪肉碎 150g、姜葱水 15g、香菇 1 朵、盐 1/2 勺、糖 1/2 勺、淀粉 2 勺

1. 猪肉碎加入盐和糖，搅拌均匀后分次加入姜葱水，边加边搅拌；
2. 最后加入香菇和淀粉拌匀；
3. 将香菇肉泥填在剖开的彩椒里；
4. 烤箱预热至 180℃后，烤 25 分钟。

蒜泥豇豆

食材：豇豆 150g、蒜 2 瓣、生抽适量、糖适量

1. 烧开一锅水，放入豇豆焯 1～2 分钟，捞出；
2. 热锅下油，放入蒜泥爆香；
3. 倒入豇豆，翻炒均匀；
4. 倒入生抽、一点点糖调味，炒匀即可。

＋白灼虾
＋杧果花

墨鱼汁面便当

　　海边的朋友寄来了野生大九节虾，长度居然跟婴儿手臂一样，吃起来颇有啃鸡腿的即视感。用葡萄酒烹煮它和蛤蜊，鲜味让墨鱼汁意大利面尽数吸收，非常美味啊！

干煎九节虾

食材：大九节虾 1 只、白葡萄酒 30mL、蛤蜊 6 个、黄油 10g、洋葱（剁碎）1/4 个、蒜（切片）2 瓣、盐适量

1. 热锅放入黄油，黄油熔化后倒入蒜片和洋葱碎炒香；
2. 放入九节虾和蛤蜊，倒入一大勺白葡萄酒炒匀，蛤蜊开口后加少许盐调味；
3. 将九节虾和蛤蜊盛出备用。

墨鱼汁意大利面

食材：墨鱼汁意大利面 150g、黑胡椒粉适量、帕玛森奶酪粉适量、盐适量

1. 沸水里加一撮盐，将墨鱼汁意大利面煮到中间没有硬芯，捞起备用；
2. 将煮好的墨鱼汁意大利面放入九节虾酱汁的锅中翻炒；
3. 最后撒帕玛森奶酪粉、黑胡椒粉、盐调味。

+ 西蓝花

TIPS ｜ 煮意大利面的时候加一撮盐，可以让面条更有口感。

风味便当，30 天不重样

烤五花肉便当

　　特别喜欢韩式烤肉的吃法，用生脆的生菜叶，夹上五花肉，一点辣酱，最后收拢菜叶，一口咬下去，生菜的清爽混合着五花肉辣酱的浓香，超级满足！

烤五花肉

食材：五花肉 150g、韩国辣酱 3 勺、蚝油 1 勺、酱油 2 勺、蜂蜜 2 勺、姜末 1 勺、料酒 2 勺、油适量

1. 将肉切成 1cm 的厚片，韩国辣酱、蚝油、酱油、蜂蜜、姜末、料酒、油混合成酱汁，刷在五花肉上；

2. 如果用家用烧烤炉，大火烤 3 ~ 4 分钟就可以了；还可以在 200℃的烤箱里烤 20 分钟，其间翻面一次，再烤 10 分钟。

厚蛋烧

食材：鸡蛋 3 个、盐适量、油适量

1. 鸡蛋加入 1/2 勺盐和 2 勺水搅拌均匀；

2. 在方形平底锅里放少量油热锅，倒入 1/2 蛋液，小火慢煎，等蛋液底部凝固就可以用平铲轻轻翻折，折好的蛋卷呈长方形；

3. 再倒入剩下的 1/2 蛋液，待蛋液底部成形就可以继续翻折；

4. 最后用平铲辅助整理厚蛋烧的形状，出锅放凉后切块。

+ 炒胡萝卜丝

+ 蒸紫薯

TIPS | 煎厚蛋烧很容易有松散的分层，所以要在蛋液未凝固的时候就翻折起来，成品才会一体成形。

风味便当，30 天不重样

烤小管便当

　　每年的七八月份是品尝小管的好季节，小管是鱿鱼家族里的"小可爱"，个头小而肉质鲜美，用来白灼或煎烤都非常美味，那么今天的便当主角就是它了！

烤小管

食材：小管 4 只、蚝油 2 勺、酱油 1 勺、料酒 2 勺、糖 1 勺、油 2 勺、孜然 4 勺、芝麻适量

1. 小管去除内脏和头部，并用烧烤竹签 "十"字架好；
2. 蚝油 2 勺 + 酱油 1 勺 + 料酒 2 勺 + 糖 1 勺 + 油 2 勺 + 孜然 4 勺混合成酱汁，刷在小管上；
3. 如果用家用烧烤炉，大火烤 1～2 分钟就可以了；还可以在 220℃的烤箱里烤 8 分钟，翻面刷酱汁再烤 2 分钟。

豆干炒毛豆

食材：毛豆 100g、豆干（切丁）1 块、辣椒适量、盐适量、鸡精适量

1. 将毛豆用水煮 2 分钟，捞出沥干；
2. 热锅下油，倒入豆干丁、辣椒炒出香味，再倒入烫过的毛豆翻炒，加入少量盐和鸡精炒匀后起锅。

+ 白灼虾
+ 炒胡萝卜丝

TIPS ｜ 烤小管的时间不宜太久，这样吃起来才会脆甜。

可乐虾饼便当

虽然喜欢油炸的食物，但是想到炸完的剩油就犯愁，所以少量的油炸食物都喜欢用烤箱来烤制，另外空气炸锅也是不错的选择。

可乐虾饼

食材：土豆 1 个、虾 3 只、料酒 2 勺、鸡蛋 1 个、面包糠适量、黑胡椒粉适量、盐适量

1. 土豆削皮，裹上保鲜膜，微波炉加热 4～5 分钟；
2. 将土豆捣成泥，加入黑胡椒粉、盐搅拌均匀；
3. 鲜虾去壳留最后一节，用料酒、盐略腌一会儿；

4. 取适量土豆泥裹住虾，整理成适合便当的大小，蘸上蛋液再往面包糠上滚一圈；
5. 预热烤箱至 220℃，放入可乐虾饼，烤 12 分钟即可。

培根卷心菜

食材：培根 1 片、卷心菜 1/4 个、盐适量、大蒜粉适量、黑胡椒粉适量

1. 将卷心菜切块，撒适量盐、黑胡椒粉、大蒜粉；
2. 培根卷住卷心菜，放入微波炉，高火加热 3 分钟；
3. 取出后再撒适量黑胡椒粉、大蒜粉即可。

+ 白灼西蓝花
+ 煎鹌鹑蛋
+ 手指胡萝卜

风味便当，30 天不重样

苦瓜酿肉便当

天热的时候，家里的餐桌上常有苦瓜的身影，这个不受小朋友待见的食材，还有另外一个名字"半生瓜"，慢慢长大后，苦瓜也会成为抚慰人心的好朋友。

苦瓜酿肉

食材：苦瓜 1 节、肉末 50g、生抽 1 勺、料酒 1 勺、淀粉 1 勺、蛋清适量、五香粉适量

1. 苦瓜切段，用勺把瓤去净；
2. 煮一锅水，将苦瓜段倒入，焯水 1 分钟；
3. 将肉末加入生抽、料酒、蛋清、五香粉、淀粉、一点水，顺一个方向拌匀；
4. 肉泥压入苦瓜中，压紧实；
5. 上锅蒸，大火 10 分钟；
6. 用苦瓜原汁调和生抽、淀粉，淋在苦瓜上。

蛤蜊蒸蛋

食材：鸡蛋 1 个、蛤蜊 5 个、盐适量、凉白开水 100mL

1. 将蛤蜊洗净，上锅蒸至开口；
2. 鸡蛋敲开，加入少量盐打散；
3. 蛤蜊的汁水与凉白开水混合，加入鸡蛋液中搅拌均匀；
4. 用滤网过滤一遍蛋液，并用保鲜膜盖住碗口；
5. 蒸锅水沸腾后，放入蛋液，大火蒸 10 分钟即可。

烤南瓜

食材：南瓜 50g、橄榄油适量、盐适量、黑胡椒粉适量

1. 烤箱预热至 200℃；
2. 将南瓜、橄榄油、盐、黑胡椒粉搅拌均匀；
3. 南瓜放入烤箱，烤 30 分钟即可。

+ 沙拉菜

风味便当，30 天不重样

蒜泥鸡翅便当

蒜泥鸡翅

食材：蒜 8 瓣、盐 1 勺、鸡翅 5 个、清水适量

1. 把 8 瓣蒜切成末，加 2 勺清水、1 勺盐，腌渍 5 个鸡翅，过夜；

2. 预热烤箱至 125℃，烤 10 分钟；

3. 把鸡翅翻面，烤箱调至 210℃再烤 20 分钟。

苦瓜焗咸蛋黄

食材：苦瓜半根、咸鸭蛋 2 个、盐适量、油适量

1. 用削皮刀把苦瓜削片，咸蛋黄压碎；

2. 热锅下油，加入蛋黄炒散，当冒起很多泡泡的时候下苦瓜片翻炒，加一点点盐，翻炒 1 分钟即可。

蒜煎豇豆

食材：豇豆 4 根、蒜 2 瓣、盐适量

1. 烧一锅水，沸腾后放入豇豆煮 2 分钟后捞起；

2. 将豇豆卷成圆圈，用牙签固定；

3. 热锅下蒜泥，放入豇豆两面煎，加适量盐调味即可。

＋烤迷你胡萝卜

＋沙拉菜

风味便当，30 天不重样

三杯鸡翅便当

照烧鸡腿便当

三杯鸡翅便当

三杯指的是一杯麻油、一杯酱油和一杯米酒。秘诀是一定要加入"九层塔"，独特的香味能够使酱香浓郁的鸡肉丝毫不腻。

三杯鸡翅

食材：鸡翅 4 个、酱油 2 勺、米酒 2 勺、冰糖 10g，葱段适量、蒜粒适量、姜片适量、九层塔适量、花生油适量

1. 将鸡翅剁成小块；

2. 锅里放入清水、鸡翅块、葱段、姜片烧开，2 分钟后关火捞出冲洗干净；

3. 炒锅加热，倒入花生油、蒜粒小火煸香；

4. 再放入葱段和姜片煸炒出香味；

5. 放入鸡块炒至变色，然后倒入米酒、酱油和冰糖，大火煮开后，改小火盖锅盖焖煮 15～20 分钟；

6. 待汤汁浓稠时，放入九层塔快速翻炒均匀即可。

番茄鸡蛋盅

食材：番茄 1 个、鸡蛋 1 个、培根 1 片、黑胡椒粉适量、盐适量、欧芹碎适量

1. 番茄去盖，挖空；

2. 培根分 2 段，沿着内壁贴好，撒盐、黑胡椒粉；

3. 鸡蛋敲开滤掉一部分蛋清，倒进番茄里；

4. 烤箱预热至 180℃，放入番茄盅，烤 20 分钟；

5. 取出再撒一些黑胡椒粉、欧芹碎即可。

＋蒜炒扁豆

＋蒸南瓜

照烧鸡腿便当

照烧鸡腿

食材：鸡腿 1 个、料酒 1 勺、红糖 1 勺、酱油 3 勺、姜泥适量、
蜂蜜 2 勺、清酒 2 勺、料酒 2 勺、水 1/4 杯、油少量

1. 鸡腿去骨，用牙签扎几下比较入味；

2. 水 1/4 杯、料酒 1 勺、红糖 1 勺、酱油 1 勺、姜泥混合成腌汁，放入
   鸡腿腌渍 1 小时以上；
3. 准备照烧汁（做法：蜂蜜 2 勺、清酒 2 勺、料酒 2 勺、酱油 2 勺，混
   合均匀）；

4. 锅里倒少量油，把鸡腿肉有皮的一面朝下，小火煎至金黄后翻面再煎；
5. 鸡腿肉煎至两面金黄后，倒入照烧汁，转中小火煮，边煮边用勺子把
   锅里的调料汁浇到鸡腿肉上，等锅里的汁收到浓稠即可。

孜然土豆

食材：土豆 1 个、孜然粉适量、辣椒粉适量、盐适量、橄榄油适量、
欧芹碎适量

1. 土豆切块，上锅蒸熟；
2. 锅里放少许橄榄油，将土豆煎至表面金黄；
3. 加入孜然粉、辣椒粉、盐、欧芹碎调味即可。

＋溏心蛋
＋白灼西蓝花、玉米、胡萝卜

TIPS ｜ 最喜欢的溏心蛋是水烧开后，放入鸡蛋煮 7 分钟捞起剥壳，蛋黄会呈现膏状。

风味便当，30 天不重样

蒸排骨便当

常常和微博上的朋友互换美食方子，这道广式排骨便是朋友的"压箱宝"，试过之后果然回味无穷。即便离得很远，也能享有同样的味觉愉悦，这是分享的乐趣啊。

广式蒸排骨

食材：排骨 150g、淀粉 2 勺、蒜蓉 3 瓣、糖 1 勺、盐 1/2 勺、鸡精 1/2 勺、香油 2 勺

1. 排骨切小块，在活水下冲洗至肉质发白；
2. 沥干的排骨，加蒜蓉、盐、糖、鸡精、香油、淀粉腌渍 3 小时以上；
3. 将腌制好的排骨下沸水汆烫 10 秒捞出；
4. 最后上锅蒸 15 分钟即可。

日式萝卜

食材：萝卜半根、昆布 10g、木鱼花 1 捧、生抽 1 勺、油适量

1. 将萝卜去皮，切成 4cm 厚，用刀在两面轻轻划出格子痕；
2. 将昆布放入冷水中，中火煮至微沸，取出昆布，倒入木鱼花煮 2 分钟；
3. 过滤出高汤，放入切成的萝卜块，小火慢煮 1 小时；
4. 锅中下薄油，放入煮透的萝卜块，浇上生抽，两面煎至上色即可。

+ 白灼芦笋
+ 蒸玉米

TIPS | 排骨切小一点块，在活水里冲洗可以去腥。

咖喱鸡肉便当

看过《深夜食堂》的人都知道咖喱隔夜吃更美味，所以我们这份便当完全可以晚上准备，第二天中午吃，一点也不影响它的美味哦。

咖喱鸡肉

食材：土豆 1/2 个、胡萝卜 1/2 根、洋葱 1/2 个、黄咖喱块 1 块、椰浆 200mL、鸡肉 100g、青豆适量、糖适量、酱油适量、油适量、淀粉适量

1. 鸡肉切块，加酱油、淀粉腌渍一会儿；
2. 胡萝卜、土豆切片，并用压花模具压出花朵、兔子和心形；
3. 炒锅下油，加入洋葱炒到软，加入鸡肉煎至两面金黄，盛出；
4. 放入土豆、胡萝卜煎至表面略焦，加入咖喱块和鸡肉一起炒香；

5. 倒入一杯水，中火将土豆和胡萝卜、青豆煮熟；
6. 再倒一罐椰浆，中火慢炖 15 分钟；
7. 最后加入 1 勺糖，中火煮至土豆松软，汤汁浓稠的时候就可以了。

溏心蛋

煮一锅水，水沸腾后，放入鸡蛋，中火煮 7 分钟，捞出冲凉水，剥壳。

＋莲藕

TIPS │ 椰浆是咖喱变美味的关键，不能少哦。

风味便当，30 天不重样

白菜猪肉卷便当

　　平时常把基础肉馅和各种蔬菜一起搭配，不仅可以变化出不同的菜式，荤素结合，营养也更加均衡。

白菜猪肉卷

食材：白菜叶 2 片、猪肉碎 300g、葱姜水 20g、香菇 1 朵、盐 1/2 勺、糖 1/2 勺、淀粉 2 勺、蚝油适量

1. 煮一锅水，下白菜叶煮熟后捞出备用；

2. 猪肉碎加入盐和糖，搅拌均匀后分次加入葱姜水，边加边搅拌；

3. 最后加入香菇和淀粉拌匀；

4. 将白菜叶摊开，揉适量大小肉泥放在叶子上，先把两边叶子向里折，再卷成形；

5. 淋一些蚝油在白菜猪肉卷上，再上锅蒸 10 分钟即可。

青豆虾仁

食材：虾 6 只、青豆 1 小把、油适量、料酒适量、盐适量

1. 虾仁洗净去掉虾线，加入盐、料酒腌渍半小时；

2. 烧开水，青豆放入煮 1 分钟左右捞起；

3. 大火翻炒虾仁，待虾仁变色，倒入煮好的青豆，加入适量盐即可。

＋煎豆腐

＋蒸南瓜

TIPS ｜ 猪肉馅可以适当多备一些，做狮子头也很美味。

炸藕夹便当

炸藕夹

食材：莲藕 4 片、猪肉泥 80g、淀粉 1 勺、面包糠 3 勺、酱油 1/2 勺、盐适量、黑胡椒粉适量

1. 莲藕削皮后，切成 0.5cm 左右的薄片；

2. 将猪肉泥、淀粉、面包糠、酱油、盐、黑胡椒粉充分搅拌均匀；

3. 将肉泥揉成小球，用 2 片莲藕夹住，轻轻按压，让肉泥从洞里出来一些；

4. 锅里加入适量油，烧到五成热的时候，放入藕夹，小火慢慢炸至金黄色即可。

酒蒸蛤蜊

食材：蛤蜊 150g、清酒 2 勺、姜 3 片、酱油 1 勺、黄油 5g、香葱适量

1. 将蛤蜊、姜、清酒放入深锅中，盖上盖子煮 2 ~ 3 分钟；

2. 蛤蜊开口后，放入酱油、黄油、香葱，拌匀出锅。

＋凉拌秋葵

＋蒸芋头

卤肉饭便当

炖一锅香浓四溢的卤肉饭，饭扫光系列便当。

卤肉饭

食材：五花肉 200g、洋葱 1 个、香菇 6 朵、八角 1 个、葱适量、姜适量、蒜适量、老抽 2 勺、冰糖 15g、鸡蛋 1 个、盐 1 勺

1. 将洋葱切片，用小火炸成金黄色备用，五花肉、香菇切成丁备用；
2. 热锅炒五花肉，逼出多余油脂，加入香菇丁炒出香味；
3. 加入葱、姜、蒜、洋葱酥、八角继续翻炒；
4. 用老抽、冰糖、盐调味，再倒入没过肉的开水，中火炖煮 30 分钟至软烂；
5. 加入剥壳的水煮蛋再煮 5 分钟就能出锅啦。

 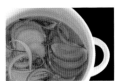 

水煮上海青

食材：上海青 150g、盐 1 勺、油适量
沸水中加入 1 勺盐、适量油，水煮上海青 30 秒，捞起即可。

＋蒜香花生
＋日式腌萝卜

TIPS | 洋葱酥是卤肉饭的灵魂，千万不能少哦！

风味便当，30 天不重样

培根风琴土豆便当

瑞典国民小菜风琴土豆，其名来自斯德哥尔摩的一家酒店，把土豆切片却不切断，抹上橄榄油或者黄油以及各种香草，抹上盐，进入烤箱烤后，土豆一片片撕裂，呈风琴状展开，各种香味弥漫！

培根风琴土豆

食材：土豆 1 个、培根 2 片、黑胡椒粉适量、盐适量、橄榄油适量

1. 土豆去皮洗净，底部垫两根筷子，切成 0.5cm 厚的片，注意底部不要切断；
2. 土豆用锡纸包裹好，放进 220℃的烤箱，烤 25 ~ 30 分钟；
3. 土豆烤好后剥去锡纸，把培根夹入每片土豆里；
4. 再撒上一层黑胡椒粉和盐，刷一层橄榄油；
5. 重新放回烤箱，调温至 200℃，烤 5 分钟左右即可。

  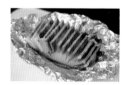

煎午餐肉

1. 将午餐肉切成合适大小；
2. 平底锅里加入少量油，将午餐肉煎好。

+ 白灼秋葵
+ 蒸南瓜

西蓝花肉饼便当

把西蓝花藏在肉饼里，咬下去的每一口都有肉汁的满足和西蓝花的清爽，一不小心就会多吃几个的那种，而且它也可以多做一些冷冻起来，是非常棒的便当菜品。

西蓝花肉饼

食材：西蓝花 2 朵、猪肉泥 80g、洋葱 1/5 个、淀粉 1 勺、面包糠 3 勺、高筋面粉少量、盐适量、黑胡椒粉适量

1. 将西蓝花煮熟放凉备用；
2. 将猪肉泥、洋葱、淀粉、面包糠、盐、黑胡椒粉充分搅拌均匀；
3. 用肉泥包住西蓝花，揉成圆形；
4. 肉泥表面蘸点高筋面粉；
5. 烤箱预热至 180℃，放入西蓝花肉泥，烤 15 分钟即可。

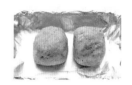

虎皮尖椒

食材：尖椒 2 个、蒜 2 瓣、生抽适量、盐适量、油适量

1. 锅中倒油加热，放入尖椒，并用锅铲轻轻按压尖椒；
2. 尖椒两面表皮都煸出皱纹后，放入蒜末煸香；
3. 加入生抽、盐，翻炒均匀即可。

蒜香茄子

食材：茄子 1 个、蒜 3 瓣、醋适量、酱油适量、糖适量、芝麻香油适量、香葱末适量

1. 茄子切条码在碗里，盖上保鲜膜，用微波炉高火加热 3 分钟；
2. 蒜泥、醋、酱油、糖、芝麻香油混合成调味汁；
3. 取出茄子倒入混合好的调味汁，再次盖好保鲜膜，用高火加热 3 分钟后取出，撒上香葱末即可。

+ 水煮玉米

风味便当，30 天不重样

五色便当

　　想不到吃什么的时候通常都会做这款五色便当，由四季豆、鸡蛋碎、猪肉碎、虾和饭团组成，不仅荤素搭配得好，做起来也很快，顺序安排好的话，只洗一次锅就可以了。

四色制作

食材：四季豆一小把、鸡蛋 1 个、肉末 100g、虾 8 只、酱油 1 勺、料酒 1 勺、糖 1/2 勺、盐适量、油适量、蒜末适量

1. 将鸡蛋加入少许盐打散，热锅后下蛋液炒散后盛出；

2. 在锅里加入 1 勺油，下蒜末爆香；

3. 加入切碎的四季豆丁，翻炒熟，加入盐调味，四季豆就可以盛出；

4. 平底锅里再加入 1 勺油，放蒜末爆香，加入猪肉末翻炒，加入酱油、料酒、糖翻炒均匀即可；

5. 烧一锅沸水，将虾白灼熟，过一下凉水，口感更好。

饭团制作

食材：米饭 120g、海苔 1 片、黑芝麻适量

1. 用三角饭团模具压出饭团造型，再剪两条海苔片，准备好黑芝麻和一点装饰食材；

2. 用海苔片做腰封，再用芝麻装饰五官，最后用食材装饰一下即可。

TIPS ｜ 鸡蛋→四季豆→肉末→虾，按照这个顺序做，只洗一次锅就可以了。

风味便当，30 天不重样

读书的时候常去吃的一家饭店，管这个糯米丸子叫"大力丸"，过了许多年，还是会想通过吃"大力丸"来补充元气，这也是迷之执念啊。

糯米丸子

食材：糯米 100g、咸蛋黄 2 个、肉泥 100g、料酒 3 勺、酱油 1 勺、淀粉 2 勺、鹌鹑蛋 1 个、盐适量、白胡椒粉适量、糖少许

1. 糯米洗净，浸泡 2 小时以上；

2. 咸蛋黄上锅蒸 3 分钟；

3. 肉泥加入料酒、盐，充分搅拌；

4. 再加入白胡椒粉、酱油、糖、淀粉、鹌鹑蛋，同一个方向搅拌至上劲；

5. 肉泥包住咸蛋黄，在泡好的糯米里滚一圈，上锅蒸 15 分钟即可。

青椒豆干

食材：豆腐干 2 片、青椒 2 个、蒜 1 瓣、生抽适量、盐适量

1. 豆腐干、青椒切丝；

2. 热油，下蒜泥爆香，放入青椒炒至半熟，下豆腐干炒匀；

3. 放生抽、盐炒匀即可。

烤番茄

食材：小番茄适量、橄榄油适量、盐适量、黑胡椒粉适量、百里香适量、蒜适量

1. 把小番茄洗干净后用厨房用纸蘸干水分，放到烤盘里，撒上所有调料，拌匀；

2. 烤箱预热至 220℃，烤 20 ~ 30 分钟，烤到小番茄表皮开裂就可以了。

+ 烤迷你萝卜

TIPS | 糯米丸子可以一次性多做一些冷冻起来，吃的时候再上锅蒸熟即可。

板栗排骨便当

栗子是我在秋天里最期待的食物，外形金黄可爱，口感香甜沙糯，与排骨一起，炖煮出浓郁而丰厚的秋日滋味，着实是一道暖心暖胃的美食。

板栗排骨

食材：排骨 1 根、板栗 100g、姜 1 小块、八角 1 个、桂皮 1 节、香叶 1 片、冰糖 20g、油适量、白胡椒粉、盐适量、陈醋 1 勺、料酒适量、生抽 1 勺

1. 板栗去壳，姜切片；
2. 锅内放入姜片、料酒、排骨余水；
3. 倒油，放入冰糖熔化，加入排骨，翻炒上色；
4. 加入姜丝、桂皮、香叶、八角翻炒；
5. 放少许白胡椒粉、1 勺生抽、1 勺陈醋，翻炒均匀，炒出香味；
6. 倒入没过排骨的开水，盖上锅盖，中火慢炖 20 分钟；
7. 炖至水收了一半时，把板栗放入，加入盐，盖上锅盖继续焖；
8. 最后大火收汁即可。

番茄肉酱

食材：番茄酱 100g、肉末 50g、盐适量、黑胡椒粉适量、料酒适量

1. 起锅炒肉末，加入料酒、盐、黑胡椒粉调味，翻炒至变色；
2. 加入自制番茄酱汁炖煮 5 分钟即可。

秋葵竹轮卷

食材：秋葵 2 根、竹轮 2 支、花椰菜 1 朵、油适量、盐适量

1. 将秋葵插入竹轮中，切成两半；
2. 烧一锅水，放少许油和盐，将秋葵、竹轮和花椰菜水煮 2 分钟；
3. 捞出加少许盐调味即可。

萝卜切花

1. 将萝卜蒸熟；
2. 用模具压出花形；
3. 用刀切出立体花形。

风味便当，30 天不重样

萝卜肉馅便当

天气干燥，上火的时候就会想做这道菜，用蒸的方式保留萝卜的清鲜，搭配的肉馅一点也不油腻，口味清淡不寡淡，营养不失美味。

蒸萝卜肉卷

食材：萝卜 100g、肉末 50g、料酒 1 勺、生抽 1 勺、糖适量、香油 1 勺、盐适量

1. 肉沫加入 1 勺料酒、1 勺生抽、1 勺香油、少量糖和盐腌渍片刻；
2. 将萝卜切成薄片，水煮 2 分钟，萝卜变成半透明状捞起；
3. 每片萝卜包入适量肉馅，放入蒸屉中，蒸 8 分钟即可。

厚蛋烧

用 3 个鸡蛋打散加入少量水和盐，分次倒入锅中煎熟卷起，卷起时整理成三角形即可。

香肠花

将香肠对半切，并切出"井"字花形，与花椰菜一起蒸 10 分钟，起锅后加盐、黑胡椒粉拌匀即可。

＋酱油饭团

风味便当，30 天不重样

轻食便当，科学减脂不怕胖

办公室里的每日话题之一就是：我想变瘦一点。

常常看到一些"极端"的减脂方法，诸如不吃主食或者连吃三天苹果等，效果显著却是以牺牲身体健康为代价的。人体日常所需的三大营养元素为：碳水化合物、蛋白质和脂肪。想要变瘦，秘诀就在于平衡三者关系，通过控制总体热量，使日热量摄入小于消耗。毫无疑问，自制便当是控制每日热量摄取最好的方式。

花园便当

在微博上分享这道便当时，朋友取了"花园便当"的名字，清爽的食材，清新的配色，感觉吃完以后人也会变得轻盈起来。

卡路里分析：

共 465kcal

碳水化合物：53.3g

脂肪：17.2g

蛋白质：22.7g

食材：紫甘蓝 15g、日式萝卜 25g、胡萝卜丝 25g、红薯 100g、酱肉 80g、血橙 60g、沙拉菜 50g、菠菜卷饼皮 4 张、盐适量、黑胡椒粉适量、酱汁适量

1. 炒锅放少许油，将酱肉煎熟；

2. 4 张卷饼皮微波 80 秒，把圆形改成长方形；

3. 将胡萝卜丝和紫甘蓝分别炒熟，用盐和黑胡椒粉调味；

4. 再将日式萝卜切成条；

5. 在菠菜卷饼皮上依次放上沙拉菜、酱肉、胡萝卜丝、紫甘蓝、日式萝卜条和少许酱汁，卷起，再切合适大小放进便当盒；

6. 最后把红薯蒸熟切片，和血橙一起放入便当盒。

TIPS | 将猪肉切成条，用酱油、料酒、蚝油、黑胡椒粉、番茄酱腌渍 2 小时以上。

烤龙利鱼便当

对于想减脂的上班族来说，外出用餐或点外卖都很难控制吃进肚子里的热量，自制便当不仅能吃得健康，还不用担心身材，如果你想瘦，那么便当带起来吧！

卡路里分析：

共 438kcal

碳水化合物：54.3g

脂肪：15.5g

蛋白质：18.2g

食材：紫甘蓝 40g、鹌鹑蛋 2 个、生菜 50g、红薯 100g、龙利鱼 100g、酱牛筋 100g

调味料：淀粉 2 勺、鸡蛋 1 个、面包糠 3 勺、盐 2 勺、白糖 1 勺、白醋 1 勺、麻油 1 勺、黑胡椒粉适量

1. 龙利鱼用盐和黑胡椒粉腌渍一会儿，依次滚过淀粉、蛋液、面包糠；

2. 预热烤箱 180℃，龙利鱼送进烤箱 18 分钟；

3. 红薯用保鲜膜包好，放入微波炉 5 分钟后取出切片；

4. 紫甘蓝用盐腌渍一会儿，把多余的水分倒掉，用盐、白糖、白醋、麻油拌一下；

5. 烧一壶水，水开后，鹌鹑蛋下水煮 2 分钟；

6. 牛筋是买回来的成品，切一下即可。

轻食便当，科学减脂不怕胖

牛油果意大利面便当

牛油果的纤维含量很高，可清除体内多余的胆固醇，而且含有丰富的不饱和脂肪酸、低糖低盐，是非常健康的食材。

 ⟶

卡路里分析：

共 484kcal

碳水化合物：55.4g

脂肪：20.2g

蛋白质：20.1g

食材：牛油果 70g、番茄 80g、意大利面 50g、酱油 1 勺、柠檬汁 1.5g、盐适量、黑胡椒碎适量、帕玛森奶酪粉适量、马苏里拉奶酪适量、口蘑 5 朵、柠檬碎、藜麦适量、沙拉菜

1. 煮一锅水，加少量盐，放入意大利面煮至无硬芯捞起；

2. 牛油果压成泥，加入酱油和柠檬汁混合均匀；

3. 牛油果泥和意大利面拌匀；

4. 将番茄切片，最后撒上柠檬碎、黑胡椒碎、帕玛森奶酪粉；

5. 将马苏里拉奶酪切成小块，放在口蘑上；

6. 预热烤箱 200℃，将奶酪口蘑放入烤箱，烤 10 分钟即可；

7. 藜麦洗净，放入水中煮 5 分钟，捞出沥干即可。

轻食便当，科学减脂不怕胖

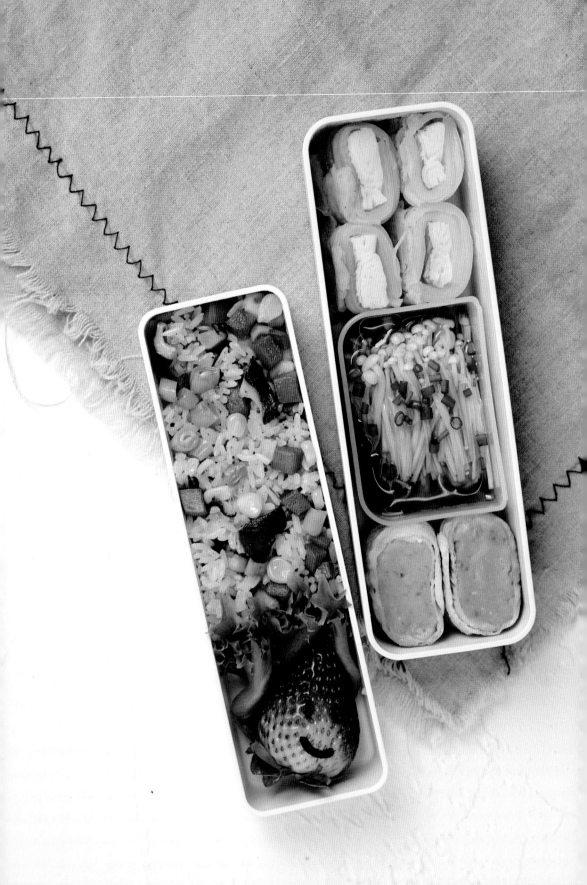

蔬菜饭便当

美味的料理，不仅能填饱肚子，还能抚慰人心，于是总会在不知不觉中吃下超多的身体需求之外的食物。于是通过吃清淡的食物，勤给身体排毒就是非常重要的事情啦，快跟我一起多吃蔬菜吧。

蔬菜饭

食材：米饭 100g、四季豆 30g、胡萝卜 15g 、玉米粒 10g、香菇 3 朵、油适量、盐适量、黑胡椒粉适量

1. 将胡萝卜、香菇、四季豆切丁；

2. 热锅加入 1 勺油，先放入胡萝卜、香菇翻炒出香味；

3. 再加入四季豆、玉米粒继续翻炒；

4. 待蔬菜熟了，加入米饭一起翻炒；

5. 最后用盐和黑胡椒粉调味即可。

白菜蟹肉卷

食材：白菜叶 2 片、蟹肉棒 2 根、酱油少许

1. 烧一锅水，将白菜叶煮熟；

2. 白菜叶裹住蟹肉棒，卷成长条形；

3. 将白菜蟹肉卷上锅蒸 8 分钟；

4. 最后浇少许酱油即可。

蒸金针菇

食材：金针菇 100g、盐适量、糖适量、油适量、葱适量

鸡蛋芋泥卷

食材：鸡蛋 1 个、芋泥 1 份

1. 将鸡蛋摊成蛋饼；

2. 用蛋饼卷起芋泥馅儿，再切成块即可。

1. 将金针菇去除根部洗净码在盘上，上锅蒸 5 分钟；

2. 将金针菇的汤汁倒出，加盐、糖拌匀倒回金针菇上；

3. 在金针菇上撒点葱花，并将 1 勺热油浇在金针菇上即可。

轻食便当，科学减脂不怕胖

奶酪玉米饼便当

三文鱼便当

奶酪玉米饼便当

　　在韩国下雨天的时候通常会吃煎饼，这真是有趣的食俗，今天也做奶酪玉米饼，煎饼的时候发现噼里啪啦的声响还真的有点像下雨的声音呢。

玉米煎饼

食材：玉米粒 50g、低筋面粉 100g、糖 30g、牛奶 100g

1. 烧一锅水，放入玉米粒煮熟捞起沥干；

2. 将所有材料混合均匀；

3. 平底锅热油，打入 1 勺面糊，中火煎 1 分钟翻面；

4. 两面煎至金黄色即可。

猕猴桃切花

1. 猕猴桃拦腰切出波浪形状；

2. 轻轻旋转，就能得到漂亮的造型。

+ 蜂蜜红豆

+ 杧果花

+ 沙拉菜

三文鱼便当

看似华丽的三文鱼便当，只需要 15 分钟就能完成制作。而且三文鱼的热量较低，蛋白质含量高，是非常适合减脂的食材。

卡路里分析：

共 442kcal

碳水化合物：30.8g

脂肪：18.1g

蛋白质：36.3g

食材：三文鱼 80g、米饭 100g、鲭鱼 90g、蟹籽 5g、海草 40g、日式萝卜 5g、沙拉菜 30g、海苔片 1 片、寿司醋适量、糖适量、盐适量、黑胡椒粉少量

1. 鲭鱼用盐和黑胡椒粉腌渍片刻；

2. 烤箱预热至 200℃，放入腌渍好的鲭鱼，烤 12 分钟取出；

3. 米饭加入寿司醋、糖和盐，搅拌，调出自己喜欢的口味；

4. 手蘸一些盐水，取适量米饭，捏成饭团；

5. 在饭团上铺三文鱼片，用海苔条捆起来即可；

6. 将三文鱼饭团放入便当盒，再把沙拉菜、鲭鱼、蟹籽、海草放进另一个便当盒。

轻食便当，科学减脂不怕胖

秋葵炒饭便当

秋葵热量较低，而且它分泌的黏蛋白有保护胃壁的作用，并能促进胃液分泌，有助于消化，是非常不错的减脂食材。

卡路里分析：

共 332kcal

碳水化合物：41.2g

脂肪：11.6g

蛋白质：13.4g

食材：米饭 120g、秋葵 50g、洋葱 30g、虾仁 5 只、黑胡椒粉适量、盐适量、芦笋 70g、南瓜 120g、油 10g

1. 煮一锅水，沸腾后放入虾，煮至变色捞起；

2. 将虾仁剥出，洋葱切丁，秋葵切片；

3. 锅中放油，加入洋葱炒香，加入米饭、虾仁、秋葵翻炒；

4. 用盐、黑胡椒粉调味炒匀后盛出；

5. 再取一锅，放少许油，放入芦笋煎至变色变皱，撒盐和黑胡椒粉调味即可。

6. 南瓜切块，上锅蒸 8 分钟即可。

我们决定带便当

土豆鸡胸肉便当

只要前一晚把所有材料准备好，早上起来一道蒸、一道烤，就能解放双手去洗漱，这真的太轻松了。

卡路里分析：

共 428kcal

碳水化合物：57.5g

脂肪：6.7g

蛋白质：31.3g

食材：娃娃菜 120g、香菇 2 朵、土豆 200g、胡萝卜 60g、洋葱 50g、鸡胸肉 120g、粉丝 15g、生抽 2 勺、糖 1 勺、蒜 3 瓣、黑胡椒碎适量、盐适量、橄榄油适量、糖适量、油适量

1. 将土豆、胡萝卜切片，用压花模具压出喜欢的形状；

2. 预热烤箱 200℃，把土豆、胡萝卜、鸡胸肉、洋葱加黑胡椒碎、生抽、盐、橄榄油拌匀，用锡纸包起来，放进烤箱烤 30 分钟；

3. 将粉丝用温水泡软，香菇刻花，蒜剁成蓉；

4. 锅内放油 2 大匙，放入蒜蓉炒出香味，加入生抽、清水、糖煮开；

5. 在盘上先铺上泡软的粉丝，再平铺上娃娃菜和香菇，再将蒜蓉酱汁淋在娃娃菜上；

6. 粉丝娃娃菜上锅蒸 10 分钟即可；

7. 最后把粉丝娃娃菜和烤土豆鸡胸肉装入盒。

素咖喱便当

冰箱里总会剩下一些蔬菜，像半根胡萝卜、半截玉米，或者是一小把四季豆等，这时候请出咖喱将它们一锅炖煮，做成全素咖喱。有趣的是每次剩下的蔬菜都不一样，组合出来的味道常会带来惊喜。

→

卡路里分析：

共 360kcal

碳水化合物：57.7g

脂肪：5.8g

蛋白质：16.8g

素咖喱

食材：咖喱块 1 块、土豆 50g、玉米笋 50g、胡萝卜 50g、洋葱 40g、甜豆少许、盐适量、糖适量、油适量

1. 将胡萝卜、土豆切成小块，玉米笋对半切，洋葱切丝备用；

2. 热油下洋葱炒至透明，放入胡萝卜块、土豆块煎至表面微呈金黄色；

3. 加入咖喱块碾碎炒香，加入一杯水中火煮至土豆松软；

4. 加入少许盐和糖调味，大火收汁即可。

＋蒸花椰菜和南瓜

＋水煮蛋

轻食便当，科学减脂不怕胖

凯撒沙拉便当

　　拥有近百年历史的凯撒沙拉被称为"沙拉之王"，这道沙拉里既有生菜的清爽、培根的香气，还有面包丁的酥脆，吃起来令人满足。

凯撒沙拉

食材：吐司 1 片、生菜 1 把、培根 2 片、凤尾鱼 30g、蛋黄 1 个、第戎芥末酱 1/2 勺、盐适量、黑胡椒粉适量、橄榄油适量、帕玛森奶酪粉少量、蒜 2 瓣（1 瓣切成末）

1. 将吐司切块，刷上橄榄油，铺上蒜末；
2. 吐司块放入预热至 190℃的烤箱，烘烤 5 分钟至酥脆；
3. 培根煎至金黄色，生菜切成小块，与吐司块、帕玛森奶酪粉拌匀即可；
4. 制作凯撒沙拉酱：将 1 瓣大蒜和 30g 凤尾鱼切碎成泥，放入 1 个蛋黄、1/2 勺第戎芥末酱拌匀，最后用盐和黑胡椒粉调味。

煎鸡胸肉

将鸡胸肉用少量淀粉、生抽、盐、黑胡椒粉腌渍 10 分钟，锅热后放入鸡胸肉，每面煎 2 分钟即可。

＋蒸番薯

烤腊肠时蔬便当

烤蔬菜沙拉健康、少油，准备起来十分方便，所用蔬菜可以根据时节和喜好来选择。需要注意的是，根据蔬菜大小，分次烤制或调整烤制时间。

烤腊肠时蔬

食材：腊肠 100g、孢子甘蓝 50g、鸡枞菌 50g、小番茄 4 个、马苏里拉奶酪适量、橄榄油 2 勺、黑胡椒粉适量、盐适量

1. 将腊肠切片，小番茄、孢子甘蓝对半切；
2. 将所有的材料装入锡纸盒中，倒入 2 勺橄榄油、适量黑胡椒粉和盐，拌匀；
3. 烤箱预热至 180℃，放入锡纸盒，烤 20 分钟即可。

＋十谷饭

＋番茄汁

轻食便当，科学藏脂不怕胖

鸡肉洋葱圈便当

鸡肉洋葱圈

食材：燕麦粒 45g（生）、南瓜 25g、花椰菜 120g、纳豆 25g、鸡胸肉 50g、鸡蛋 1 个、彩椒 25g、青豆 6g、洋葱圈 40g、生抽 1 勺、盐适量、蚝油 1 勺、大蒜少许、油适量、黑胡椒粉少许

1. 将鸡胸肉切成小块，用 1 勺生抽、1 勺盐、1 勺蚝油、少许大蒜粉腌渍 30 分钟；

2. 热锅下油，放入鸡胸肉煎至表面金黄；

3. 放上洋葱圈，倒入没过底部的鸡蛋液，放上刚刚煎好的鸡肉，撒彩椒、青豆，盖上盖子，小火煎 2 分钟，撒黑胡椒粉和适量盐调味即可。

+ 蒸燕麦饭

+ 纳豆

+ 蒸花椰菜和南瓜

我们决定带便当

荞麦面便当

荞麦面

食材：荞麦面 70g、三文鱼 80g、鸡蛋 1 个、黄瓜 50g、胡萝卜 180g、盐适量、黑胡椒粉适量、香油 2 勺、海苔片 1 片、芝麻少量、鸡精适量、橄榄油适量、芦笋 5 条

1. 烧一锅水，沸腾后放入荞麦面，煮熟后冲凉水并拌少许香油；

2. 将鸡蛋的蛋黄蛋白分开，并分别煎好切丝；

3. 胡萝卜刨丝，用盐、香油、鸡精拌匀，上锅蒸 12 分钟；

4. 三文鱼用海盐和黑胡椒粉腌渍片刻，平底锅放少许橄榄油，将三文鱼两面各煎 1 分钟即可；

5. 三文鱼出锅后放入芦笋煎熟，撒盐和黑胡椒粉调味；

6. 将准备好的食材装盒，在荞麦面上撒海苔片和芝麻。

轻食便当，科学减脂不怕胖

特色便当，与大家分享美味

　　不忙的时候还会给自己带早餐便当或者下午茶，把喜欢的松饼、紫菜卷或者三明治装进便当盒里，不用加热也非常美味。天气晴好的时候，带上便当和朋友出门野餐。在海边、湖畔或森林公园，把恼人的琐事扔得远远的，感受轻触肌肤的微风阳光、耳畔的鸟鸣水声，在美好的自然里，便当好像也变得更好吃了。

冰花煎饺便当

　　此刻，圆鼓鼓的饺子已经披上金色的裙子，裙摆是精致的蕾丝花纹，"滋啦滋啦"的，吵着要出锅。

冰花煎饺

食材：饺子 9 个、淀粉 10g、清水 100mL、花生油适量

1. 锅内放少量花生油，油五成热时放入水饺，小火慢煎定形；

2. 100mL 清水加入 10g 淀粉搅拌均匀备用；

3. 饺子底部煎至金黄色，顺着锅边，倒入淀粉水，没过饺子底部即可；

4. 盖好锅盖，中火煮 1 分钟，转小火煮 6 分钟左右把淀粉水烧干；

5. 待水烧干，将盘子扣在锅上，迅速翻转，冰花煎饺就出锅了。

+ 酱醋汁

+ 白灼秋葵

TIPS ｜ 淀粉与水 1：10 的比例最为合适。

培根菠萝便当

外表很酷不好接近的菠萝先生，其实有一颗甜蜜的心，在高温的烤炙下，菠萝先生蜕变得性感诱人，焦脆的外皮，酸甜多汁的果肉，再裹上熏香的培根外衣，简直无敌了。

烤培根菠萝卷

食材：菠萝 80g、培根 4 片、黑胡椒粉适量
1. 将菠萝切成小长方形，用培根卷起来，撒上黑胡椒粉；
2. 放进预热至 200℃的烤箱烤 15 分钟即可。

吐司布丁

食材：吐司 3 片、鸡蛋 1 个、牛奶 220mL、糖 10g、玫瑰麦片适量
1. 将吐司切成小正方块，加入鸡蛋、牛奶、麦片、糖，混合均匀；
2. 放入微波炉高火加热 3 分钟，也可以放入预热至 180℃的烤箱中烤 20 分钟，至表面微焦色。

+ 圣女果沙拉菜

TIPS | 菠萝经过高温烤炙，蛋白酶被破坏了，这样吃起来不会麻嘴。

炒年糕便当

时不时想吃韩式炒年糕，喜欢它酱里有类似蜂蜜和水果的香甜味。

韩式炒年糕

食材：洋葱 1/4 个、胡萝卜 30g、卷心菜 30g 、香肠 2 根、年糕条
250g、韩式辣酱 2 大勺、番茄酱 1 勺、生抽 1 勺、糖 2 勺、芝麻适量、
油适量

1. 将洋葱切丝，胡萝卜、卷心菜切丝；

2. 煮一锅水，沸腾后放入年糕条，煮 2 分钟；

3. 年糕条捞出过一下冷水；

4. 用韩式辣酱 2 大勺、番茄酱 1 勺、生抽 1 勺、糖 2 勺、2 碗水调成酱
   汁备用；

5. 热锅加油，下洋葱丝、胡萝卜丝、部分卷心菜丝炒到软；

6. 加入年糕、酱汁，中火慢慢煮至汤汁浓稠，煮久一点，年糕比较入味，
   酱汁也会更浓稠好看；

7. 年糕起锅，装盒撒芝麻。

奶酪玉米

食材：玉米 150g、炼乳适量、马苏里拉奶酪适量

1. 烧一锅水，倒入玉米煮 1 分钟，捞起；

2. 把玉米拌一勺炼乳，铺一层马苏里拉奶酪，放进预热至 190℃的烤箱
   中烤 15 分钟，奶酪熔化，表面有点焦就可以了。

+ 八爪鱼香肠

紫菜卷便当

　　日本寿司使用的米饭中一般会加入寿司醋来提味，吃起来比较筋道；韩式紫菜卷里的饭一般会加入韩国特制的香油，吃起来比较香。今天我们做的是韩式紫菜卷。

紫菜卷

食材：米饭 50g，紫菜片 1 张、鸡蛋 1 个、午餐肉 20g、黄瓜 10g、萝卜 10g、醋适量、香油适量、油适量

1. 取 1 个鸡蛋加适量盐打散；

2. 平底锅加热，倒入少量油，将蛋液倒入，煎成鸡蛋饼；

3. 鸡蛋饼取出后切成条，将黄瓜、午餐肉、萝卜也切成条；

4. 在米饭里加少许醋、香油拌匀；

5. 取一张紫菜，放在寿司帘上，铺一层拌好的米饭，留一条 2cm 左右的缝不要铺米饭；

6. 把鸡蛋、黄瓜、午餐肉、萝卜等铺在米饭上（喜欢其他口味的也可以加其他的）；

7. 把铺好的紫菜卷成长卷；

8. 刀蘸下水，把长卷切成宽 1cm 左右的紫菜卷。

＋ 海草

＋ 螺肉

＋ 橙子

TIPS　｜　橙子的切法：
　　　　①橙子两头切开；②再把橙皮去掉；③切出橙肉。

特色便当，与大家分享美味

越南春卷便当

裹着美好食材的米纸卷是和天空一样清新的食物，胃口不佳的时候，来上这样一盘简餐，也是十分清爽可口的。

米纸卷

食材：米纸 7 张、鸡蛋 2 个、黄瓜 1 根、胡萝卜（切丝）1 根、虾 10 只、杧果 1 个、薄荷叶适量、鱼露 1 勺、青柠汁 2 勺、辣椒 1/2 个、白糖 1 勺

1. 两个鸡蛋加少许盐打散，倒入平底锅中火煎好，出锅后切成丝；

2. 将虾、胡萝卜丝在沸水中煮熟，搭配的果蔬可以按自己的口味准备；

3. 取一张米纸，泡入温水中，待卷皮变软就可以包了；

4. 将准备的食材放在米纸上，先往前滚，再将两边长的皮收拢在下面，最后卷成形；

5. 用 1 勺鱼露、2 勺青柠汁、1 勺白糖、1/2 个辣椒配成酱汁。

6. 米纸卷蘸着酱汁一起吃才有味道。

TIPS ｜ ①米纸皮不能用太烫的水泡，否则会破；
②青柠汁和鱼露是酱汁中不能少的部分，酸甜可以自己调节。

杧果糯米饭便当

这是在泰国随处可见的美食，虽然名字里有"饭"字，其实只是一道爽口的甜品。香甜多汁的杧果搭配浓郁的椰浆糯米饭，多吃几盘也没问题。

椰汁糯米饭

食材：泰国糯米 150g、椰浆 250mL、糖 3 勺、盐 2g、黑芝麻适量

1. 将糯米洗净，浸泡 8 小时；
2. 将椰浆加入 3 勺糖，2g 盐，小火煮开，留 50mL 备用；
3. 将 200mL 椰浆与糯米混合，用电饭煲煮熟；
4. 椰浆糯米饭好后，再加入适量椰浆拌匀，用饭团模具做好，最后撒黑芝麻装饰。

＋杧果切片

TIPS ｜ 可以买一些斑斓叶和糯米饭一起煮，味道更香。

特色便当，与大家分享美味

细卷寿司便当

　　细卷是只裹一种食材的寿司卷，个头不大，可以一口一个地吃下，让饭香和食材的滋味无处可逃。

菠萝鸡肉串

食材：菠萝 100g、鸡腿肉 100g、绿咖喱 5g、椰浆 80mL、

糖 1 勺、青柠适量

1. 将鸡腿肉切成小块，用绿咖喱、椰浆、糖腌渍 30 分钟；

2. 将腌渍好的鸡肉和菠萝穿成串；

3. 预热烤箱至 220℃，将菠萝鸡肉串放入烤箱烤 15 分钟；

4. 取出菠萝鸡肉串后，刨些青柠皮提味。

细卷寿司

食材：紫菜片 2 张、香肠 1 根、日式萝卜 10g、米饭 120g、寿司醋适量

1. 将日式萝卜切成条，紫菜剪成 10cm 宽，香肠备用；

2. 米饭加入适量寿司醋拌匀；

3. 把紫菜放寿司帘上，在紫菜上铺薄薄一层米饭，紫菜前端留 2cm 空白；

4. 铺上香肠和日式萝卜，卷紧寿司帘。稍稍捏紧，放置一会儿打开寿司帘；

5. 刀蘸点清水，切开寿司卷。

+ 白灼秋葵

TIPS ｜　若无寿司醋，可以用白醋：糖：盐 =5：2：1 的比例来调制寿司醋。

特色便当，与大家分享美味

三明治便当

在英国，三明治算是主食，传说发明三明治的英国伯爵痴迷赌博，经常一整天坐在赌桌边，一边打牌一边吃饭，他指示他的仆人给他带来两片面包、一盘冷肉的午饭，他的朋友们都很喜欢，便称这样的午饭叫作"Sandwich 餐"。

牛油果鸡蛋三明治

食材： 牛油果 1 个、鸡蛋 1 个、黑胡椒碎适量、盐适量、吐司 3 片

1. 将吐司去边，切成 4 片，用平底锅略煎至微焦；

2. 挖出牛油果果肉，加入盐和黑胡椒碎，搅拌成泥；

3. 煎一个荷包蛋，加少许盐调味；

4. 用 2 片吐司夹住牛油果泥和荷包蛋，切开。

香蕉花生酱三明治

将煎过的吐司，夹入香蕉片和花生酱，再切开即可。

+ 水果培根沙拉

松饼便当

松饼的英文名字是pancake，就是pan+cake（平底锅＋蛋糕），是一款拥有蛋糕一样松软口感，而且只需要用平底锅就能完成的甜品。

松饼

食材：鸡蛋1个、糖15g、牛奶60mL、低筋面粉60g、黄油10g、泡打粉3g

1. 将黄油加热熔化；
2. 牛奶加入糖、鸡蛋、黄油搅拌均匀，再加入低筋面粉拌成面糊；
3. 用滤网过筛一遍可使面糊更加细腻；
4. 使用不粘平底锅，无须加油，打入一勺面糊，中小火加热；
5. 当面糊表面出现泡泡时翻面；
6. 翻面后再煎30秒左右即可。

椰香紫薯丸子

食材：紫薯1/2个、牛奶适量、椰蓉少许

1. 将紫薯去皮蒸熟；
2. 紫薯压成泥，加入牛奶拌均匀；
3. 取适量紫薯泥搓成丸子形状，并在椰蓉里滚一圈即可。

＋蜂蜜红豆

＋杧果花

＋玉米沙拉

特色便当，与大家分享美味

千层蛋糕便当

天气晴朗的时候，和好朋友去郊外野餐，带上用便当盒做的水果千层蛋糕，在湖畔的草地上，好朋友大呼"太美味了！"，而我正好用相机记录下了这美好的瞬间。

千层蛋糕盒

食材：黄油 20g、牛奶 220mL、低筋面粉 80g、糖 15g、鸡蛋 2 个、淡奶油 200g、糖 15g、水果若干

1. 黄油、牛奶、低筋面粉、糖、鸡蛋混合好，过筛至无颗粒；
2. 制作可丽饼皮：在不粘平底锅上抹少许黄油，打入一勺面糊晃动摊开成薄面糊，小火慢煎，待四周的面皮翘起来的时候就可以用锅铲轻轻将面皮翻面，略煎几秒即可出锅；
3. 将奶油和糖用打蛋器打发至七成，再准备喜欢的水果；
4. 在便当盒里一层可丽饼皮，一层奶油，一层水果，重复叠之。

TIPS │ ①有奶油的甜品需要冷藏一下再食用会更美味哦。
②可丽饼皮也可以包上奶油和水果，变成人人爱的水果班戟。

我们决定带便当

风味鸡腿便当

　　烤好的鸡腿是孜然熏香混合着柠檬清香，微酸带甜的奇妙异国风味。

风味烤鸡腿

食材：鸡腿2个、紫甘蓝150g、黄油20g、糖1勺、生抽3勺、柠檬汁4勺、酱油3勺、蒜（剁成末）
3瓣、白醋4勺、辣椒粉适量、孜然适量、柠檬皮适量、盐适量、黑胡椒粉适量

1. 鸡腿用盐、黑胡椒粉腌渍；
2. 将黄油熔化，加入糖、生抽、孜然、柠檬汁、酱油、辣椒粉、蒜末、白醋、
   柠檬皮调成酱汁腌渍鸡腿3小时以上；
3. 预热烤箱180℃，将腌渍好的鸡腿两面煎至微焦，放入预热好的烤箱，
   180℃烤25分钟；
4. 同时把紫甘蓝切片，浇上鸡腿的酱汁，放入容器中一起烤制即可。

＋ 奶酪杂粮米饭

＋ 泡菜

栗子蛋糕便当

甜品是治愈所有不快的良药，而香甜的栗子 + 松软的戚风 + 甜蜜的奶油，治愈疗效应该很不错吧！

栗子蛋糕

食材：栗子 10 颗、鸡蛋 2 个、糖 80g、玉米油 28g、牛奶 6g、低筋面粉 42g、淡奶油 180g、薄荷叶 5 片

1. 准备好所有材料，并将蛋清和蛋白分装在两个搅拌盆中；

2. 蛋黄加上 20g 糖，用打蛋器搅打至发白，分 4 次加入玉米油和牛奶，搅拌均匀；

3. 打发蛋白，分 3 次加入细砂糖，打发至干性发泡（提起打蛋器的头蛋白呈小尖峰状）；

4. 取 1/3 蛋白加入蛋黄中翻拌均匀，加入所有粉类切拌均匀；

5. 将面糊倒入蛋白盆中，迅速翻拌均匀；

6. 烤箱预热至 180℃，在方形烤盘中铺入烘焙纸防粘；

7. 将面糊倒入烤盘中，抹平表面并震出大气泡；

8. 烤盘放入烤箱烤 12 ~ 15 分钟，用牙签插入蛋糕，提起时无粘黏面糊即可；

9. 蛋糕出炉后转移到架子上放凉；

10. 根据便当盒的大小切出 2 片蛋糕备用；

11. 将 180g 淡奶油加入 10g 糖，打发至奶油的纹路清晰，提起打蛋器的头有尖峰的状态；

12. 裱花袋中放入喜欢的裱花嘴，将奶油装入裱花袋后就可以开始组合了；

13. 将 1 片蛋糕片放入便当盒，把奶油均匀地挤在蛋糕上，放入煮熟的栗子碎，再铺上一层蛋糕，继续用奶油在蛋糕上画出纹路，最后用栗子和薄荷叶装饰就好啦。

CHAPTER
05

便当的搭档，让便当更有味

　　天气变热后每天都想喝点什么，从奶茶、奶昔、布丁到果蔬汁、排毒水，能倒腾出喝上一个夏天不重样的饮品。想着冰箱里永远有一杯好喝的饮品等着我，这愉悦的心情真的是买不来的。这是自每天带便当之后，又发现的另外一款属于夏天的小幸福。

菠萝冷泡茶

因为很喜欢菠萝的香气，总寻思着要把它做成好喝的饮品。

食材：菠萝 1/2 个、高山茶 3g、矿泉水 300mL、糖适量

1. 茶叶：矿泉水 =1g：100mL；

2. 茶叶加水冷藏 8 ~ 12 小时，菠萝半个用盐水泡一会儿；

3. 将冷泡茶和菠萝一起放进搅拌机打碎；

4. 菠萝比较酸，可以加一些糖综合，这里按自己口味调节就好。

TIPS | 红茶、绿茶、茉莉花茶等都能做成冷泡茶，这里我用的是高山茶。
果汁加茶是非常流行的一种饮料制作方法，用冷泡茶做基础茶水，搭配喜欢的水果，用糖或蜂蜜调节甜度，也能做成非常好喝的水果茶。

我们决定带便当

酵素果蔬汁

完全保留蔬菜、水果天然营养的酵素果蔬汁，不仅能充分补充身体缺乏的营养，还能为我们的身体提供多种其他必需的营养。

1. 玉米＋橙子＋苹果＋柠檬汁，打碎。

   柑橘类：富含抗衰老、美容养颜功能的维生素 C，以及能帮助提高代谢机能的柠檬酸。

2. 绿叶菜＋苹果＋椰奶，打碎。

   绿叶菜：植物的绿色色素成分一般是叶绿素，有很强的抗氧化作用，还能改善内脏功能、提高肝功能，吸收体内毒素。

3. 番茄＋黄瓜＋柠檬汁＋豆浆，打碎。

   番茄：番茄的抗氧化能力是维生素 E 的 100 倍，既能预防疾病，又有美容效果。

TIPS | 苹果、蜂蜜和乳制品都可以调节**酵素果蔬汁**的味道，但如果过量的话，热量也会变高哦。

食材：牛油果1个、养乐多2瓶、牛奶1盒

1. 选1个成熟的牛油果（皮为墨绿近黑色，手感微软）；

2. 牛油果对半切，用刀尖挖出果核；

3. 挖出牛油果肉，和养乐多、牛奶一起放进搅拌机打成奶昔。

TIPS | 开牛油果图解

牛油果奶昔

　　很多人不喜欢牛油果，可做成牛油果奶昔却是我待客率最高的饮品，口感丝滑，清爽不甜腻，与生食的味道天壤之别，快来试试吧。

排毒水

在每天喝的水中，加入水果、蔬菜、香草，活用其味道或香气，让普通的水变得好喝又有趣味，这就是"Detox Water 维生素排毒水"。

1. 柠檬 + 生姜 + 薄荷

   以柠檬为基底的排毒水有美白肌肤、预防感冒、提升免疫力的功效，生姜能起到温暖身体的功能。

   做法：将所有材料放入罐中，并倒入矿泉水，盖上盖子放到冰箱冷藏8小时。

2. 枇杷果 + 番茄 + 橙子 + 百里香

   番茄、橙子皆富含柠檬酸，可消除疲劳及排出体内毒素。长期在空调房或在干燥的环境中，饮用它可缓解皮肤干燥的情况。

   做法：将所有材料放入罐中，并倒入矿泉水，盖上盖子放到冰箱冷藏8小时。

3. 红茶 + 菠萝 + 柠檬 + 橙子 + 葡萄柚

   以冷泡茶为基底，加入含有蛋白质分解酵素的菠萝和柠檬的柠檬酸，可除去身体的疲惫感，还能促进消化。

   做法：将所有材料放入罐中，并倒入矿泉水，盖上盖子放到冰箱冷藏8小时。

便当的搭档，让便当更有味

食材：山楂 25g、乌梅 25g、陈皮 10g、甘草 3g、洛神花 5g、干桂花适量、冰糖适量

1. 山楂、乌梅、陈皮、甘草、干桂花、洛神花洗净；

2. 加入 4 杯水，浸泡半小时；

3. 加入冰糖，用中火煮 15 分钟，汤色渐浓渐厚出味了就可以；

4. 煮好放凉，放冰箱冷藏一下；

5. 着急喝的话，丢几颗冰块下去就可以了，记得撒点干桂花呀。

酸梅汤

　　天气炎热的时候，收到好朋友捎来的酸梅汤材料，耐心地煮上一大壶，装在罐子里，撒上金色的桂花，饮用前加点冰块，真的好消暑。

食材：斯里兰卡散红茶 15g、水 150mL、黑白淡奶 10mL、炼乳适量、冰块适量

1. 将散红茶加水，用小锅小火煮 5 分钟；

2. 先倒 1/3 杯黑白淡奶；

3. 再放多多的冰块；

4. 然后把煮好的红茶淋上；

5. 最后用炼乳来调节自己喜欢的甜度。

6. 喝的时候要搅拌一下。

"茶走"奶茶

"茶走"源自港式奶茶，意思是奶茶不加入砂糖，改用炼乳加入甜味，使奶茶更香滑，冰镇或热饮两相宜，香浓丝滑，在家制作非常方便。

南瓜浓汤

　　南瓜热量低，碳水化合物含量较低，我们感觉它甜，并非因为其糖分高，而是因为其果糖成分比蔗糖要甜，做成多种料理都很美味。

食材：贝贝南瓜 1 个、淡奶油 70g、黑胡椒粉适量、盐适量、欧芹适量

1. 小南瓜洗净放进微波炉，高火加热 10 分钟；

2. 取出切下一个小盖子，挖出南瓜泥；

3. 将南瓜泥、淡奶油用搅拌机打成细滑的南瓜汤；

4. 加入盐和黑胡椒粉调味后，放入微波炉中火加热 2 分钟；

5. 最后将南瓜浓汤倒入南瓜盅，撒上欧芹即可。

我们决定带便当

食材：干贝1小把、冬瓜1段、姜2片、葱适量、油适量、盐适量

1. 干贝洗净，加水浸泡1小时左右；

2. 冬瓜用挖球器挖球或切块；

3. 起油锅爆香葱、姜，放入冬瓜煸炒片刻；

4. 加入泡干贝的水，煮至冬瓜变透明，加入干贝再煮片刻；

5. 最后撒葱花即可。

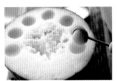

TIPS | 干贝是天然的味精，非常的鲜甜，不需要放太多哦。

冬瓜干贝汤

冬瓜性凉，生津祛暑，干贝鲜美清爽，两者合在一起，是夏日里的一道清爽汤品。

柠檬薏仁水

家里常备薏仁水，一点点谷物的味道，很温和怡口。

食材：薏仁 1 把、柠檬 2 片、黄糖适量

1. 小火把薏仁炒到表面微黄，有谷物香气，凉了后用罐子装好，可以随时取用；

2. 用电饭煲煲汤键，放薏仁和水，煮到水变浓白，薏仁软就可以了；

3. 适当加黄糖，不加也好喝；

4. 柠檬片不要放多，否则会苦。

我们决定常便当

紫薯银耳羹

紫薯是含有特别多花青素的食材，银耳胶质丰厚，纤维多，有极好的缓解便秘的作用。

食材：干银耳 1 朵、紫薯 1 个、冰糖适量、桂花适量

1. 干银耳在水里充分泡发，去除黄色根部，掰成小块；

2. 银耳放入电饭煲，倒入足量的水，按煲汤键 3 小时，炖至浓稠；

3. 紫薯去皮，切成小块，加入银耳汤，再煮 20 分钟；

4. 最后加冰糖，撒桂花即可。

食材：土豆 150g、培根 20g、牛奶 130mL、洋葱 10g、盐适量、黑胡椒粉适量

1. 将培根慢火煎出油脂；

2. 用培根油脂炒洋葱；

3. 洋葱和牛奶、土豆放入可加热的破壁机打至细滑，加入盐和黑胡椒粉调味即可。

南瓜玉米浓汤

食材：南瓜 80g、玉米 30g、牛奶 100mL、腰果 2 颗

1. 南瓜切块，和玉米一起放入碗里，盖上保鲜膜，放进微波炉加热 4 分钟；

2. 南瓜、玉米倒入破壁机中，加入牛奶打至细滑；

3. 倒出浓汤，放两颗腰果。

我们决定带便当